W0418334

Hast du heute schon

deinen

Fehler “gemacht”?

Hubert Hafner

Adresse und Telefonnummer auf Anfrage

hubert.hafner@dib-institut.de

1.Auflage 2023

Inhaltsverzeichnis

Einleitung

Hast du heute schon deinen Fehler gemacht? Was für eine Frage ist das denn, bitte schön?

In einer Gesellschaft, in der wir nach unserer Leistung beurteilt werden, haben Fehler doch keinen Platz. Perfektion ist das Gebot der Stunde. Denn nur unsere "perfekte" Leistung findet Anerkennung. Für Fehler bleibt da wenig Raum.

Dies beginnt schon in unserem Schulsystem. Dort werden die Fehler bestraft, indem es für die Schüler bei Fehlern einen Notenabzug hagelt. Bei entsprechend vielen Fehlern bleibt von der restlichen Leistung des Schülers nicht mehr viel übrig. Wir lernen also schon in der Schule, dass es wichtiger ist, Fehler zu korrigieren, als Stärken zu fördern.

Dieses Denkmuster zieht sich dann meistens durch unser ganzes Leben. Wir leben in der Fehlervermeidung, damit wir nicht schlecht benotet werden. Ein solches Denken verhindert die Entwicklung der Stärken, denn das Augenmerk liegt auf der Verhinderung von Fehlern. Das führt zu ängstlichem Verhalten und Mutlosigkeit, denn das Selbstvertrauen wird mit einer solchen Grundausrichtung unterminiert statt aufgebaut.

Deshalb ist es mir ein großes Anliegen, eine Lanze für das “Fehler machen” zu brechen. Denn Fehler waren oft die Auslöser für große Erfindungen, Verbesserungen der vorhandenen Technik und sind bis heute ein Segen für die Menschheit. Durch “Versuch und Irrtum” gelingt es Forschern, sich dem Ziel zu nähern.

Stellen wir uns vor, die Forscher könnten sich keine Fehler erlauben. Dann würden wir immer auf dem momentanen Stand verharren, da sich ja niemand trauen würde, voranzugehen, um Neues zu entdecken. Denn es könnte sich ja als falsch herausstellen. Der Fortschritt lebt aber genau von dem Risiko, Fehler zu machen.
um daraus zu lernen.

Warum gelingt es uns dann nicht, uns selbst Fehler einzugestehen, sondern wir versuchen, wenn möglich, diese zu vertuschen oder gleich wieder zu korrigieren, damit sie von keinem anderen entdeckt werden? Könnte es daran liegen, dass Fehler sich nicht nur auf der sachlichen Ebene bewegen, sondern tief in uns auch eine “persönliche“ Seite zum Schwingen bringen?

Wenn dem so ist, liegt es auf der Hand, dass wir uns dann natürlich davor hüten werden, Fehler zu begehen, damit diese Saite unseres Innern nicht angeschlagen wird. So schützen wir uns vor inneren Verwundungen.

Doch gibt es eine andere Sicht auf Fehler. Das ist eine gute Nachricht. Denn Fehler gehören zu unserem Leben wie die Luft zum Atmen. Sie sind ein Bestandteil des menschlichen Seins. Ohne Fehler könnten wir uns die Welt nicht vorstellen. Fehler sind in gewisser Weise doch der Reiz in unserem Leben. Denn das Ungewisse, die Möglichkeit, etwas falsch zu machen, die Entscheidungen und ihre Auswirkungen machen unser Leben erst spannend.

Undenkbar, wie langweilig ein Leben verlaufen würde, wenn es die Möglichkeit von Fehlern nicht gäbe. Wenn alles perfekt laufen würde und wir uns immer richtig entschieden hätten. Langweiliger würde es kaum gehen.

Deshalb plädiere ich für das “Fehler Machen”!!!!

Warum es überhaupt nicht schlimm ist, will ich in einem Kapitel aufzeigen.

Und wie wir es lernen können, mit unseren Fehlern richtig umzugehen.

Der wichtigste Aspekt ist dabei, dass wir ein neues Selbstbild mit einem neuen Selbstwert bekommen. Denn auf dieser Basis gelingt es, dass du dir Fehler eingestehen und zugestehen kannst.

In 21 Sätzen, welche du in 21 Tagen durchdenken und auf dich wirken lassen kannst, werde ich dir einige tiefe

Zusammenhänge zum Thema Selbstwert, Selbstbewusstsein und Selbstliebe aufzeigen. Dadurch lernst du dich besser einzuschätzen und nachsichtiger mit dir umzugehen.

Und am Ende des Buches warten 3 Lebensfragen auf dich, welche du dir nach der Lektüre dieses Buches und zum Ende der 21 Tage bei jedem Fehler stellen kannst.

Fehler sind menschlich

Das Wichtigste zuerst. Fehler sind Teil unseres Lebens und lassen sich nicht vermeiden. So sehr wir uns auch anstrengen, es wird uns nicht gelingen. Wir wissen das. Und trotzdem haben wir so große Mühe, uns damit zu arrangieren. Denn ganz ehrlich: Wer macht schon gerne etwas falsch? Natürlich niemand.

Warum fällt es uns dann so unendlich schwer, zuzugeben, dass wir auch nicht perfekt sind und uns, wie jedem anderen, auch Fehler unterlaufen? Weil wir in einer Gesellschaft aufgewachsen sind, in welcher Fehler einen Makel darstellen.

Wie schon in der Einleitung kurz angesprochen, werden wir schon in der Schule mehr mit unseren Fehlern konfrontiert, indem die Notengebung sich auf die Fehler bezieht, als dass wir unsere Stärken belohnt bekommen würden. Nur wenn selbst die Stärken fehlerfrei sind, erfahren wir für diese auch Wertschätzung. Nicht die Stärke ist wichtig, sondern dass diese fehlerfrei ist.

So entwickeln wir ein ungutes Verhältnis zu Fehlern. Denn diese sind für uns mit "Strafe" verbunden. Fehler machen bedeutet, dass ich dafür einen Nachteil zu tragen habe, wie z.B. eine schlechte Note in der Schule. Somit ist klar, dass ich darauf getrimmt werde, Fehler unter allen Umständen zu vermeiden.

Diese Vermeidungsstrategie führt dann oft dazu, dass wir nicht bereit sind, ein Risiko einzugehen, weil wir dadurch ja einen Fehler machen könnten. Uns wird zwar gesagt, dass wir nicht ängstlich sein sollten und auch mal etwas riskieren können, doch sobald das "Experiment" schief läuft, bekommen wir die Quittung. Nach einigen Erfahrungen dieser Art werden wir uns zweimal überlegen, ob wir noch einmal einen Versuch starten werden, unbekanntes Terrain zu betreten, oder ob wir nicht doch lieber in unserem sicheren Hafen bleiben.

Dass Fehler oftmals die Tür zu völlig neuen Umständen und Ergebnissen aufstoßen können, zeigt uns die Geschichte immer wieder. Als eines der bekanntesten Beispiele darf hier die Entdeckung Amerikas genannt werden.

Kolumbus wollte Amerika nie entdecken. Wie auch? Es war in Europa noch nicht bekannt, dass es einen Kontinent zwischen Europa und Asien gab. Das Ziel, welches Kolumbus verfolgte, war, einen Seeweg von Westen her zu erkunden, welcher nach Asien führen sollte. Mit diesem Gedanken begann Kolumbus seine Planungen für die Eroberung des westlichen Weges nach Asien.

Bei seinen Berechnungen vertraute Kolumbus einem Mathematiker und Astronomen, Paolo del Pozzo Toscanelli. Dieser galt als sehr zuverlässig und vertrauenswürdig. Deshalb verließ sich Kolumbus auf dessen Berechnungen der Westroute nach Indien.

Studien zeigen heute, dass Toscanelli und Kolumbus bei der Bestimmung der Entfernung von Europa nach Asien drei gravierende Fehler unterlaufen sind.

1. Sie überschätzen aufgrund ungenauer Berichte von Händlern und Gesandten die Ausdehnung des asiatischen Kontinents.

2. Sie wandten eine ptolemäische Formel zur Kalkulation von Längengraden nicht korrekt an.

3. Sie übersetzten Berechnungen des arabischen Mathematikers Al-Biruni falsch.

Dieser hatte zwar schon 500 Jahre zuvor den Erdumfang nahezu exakt berechnet, nutzte dazu aber die arabische Meile, während Toscanelli und Kolumbus die 25 Prozent kürzere italienische Meile für ihre Berechnungen zugrunde legten. Die Folge: Kolumbus plante mit einer Strecke von 4.500 Kilometern, obwohl es in Wahrheit mehr als 20.000 Kilometer bis Ostasien sind.

Hätte Kolumbus die Wahrheit gewusst, wäre er nie auf die Idee gekommen, diese Reise anzutreten. Doch genau diese Fehler haben dazu geführt, dass Kolumbus Amerika entdeckte. Kolumbus hat nach bestem Wissen und Gewissen gehandelt, als er die Reise plante, organisierte und schließlich antrat.

Lebensmüde war er nicht. Denn hätte er die tatsächliche Entfernung von 20000 km nach Indien gekannt, wäre er nie losgesegelt.

Nach ca. 4500 km Seereise wurde es ihm mulmig, da er ja den Berechnungen nach am Ziel sein sollte. Doch es kam kein “Land in Sicht” vom Ausguck, sondern nur betretenes Schweigen und eine zunehmende Hoffnungslosigkeit. Doch nach exakt 6691 km kam dieser lang ersehnte Ruf vom obersten Ende des Mastes. Er entdeckte, ohne es zu wissen, die Bahamas. Er selbst glaubte noch bis zu seinem Lebensende, er hätte in Indien angelegt.

Es wird an solchen Ereignissen aus der Vergangenheit deutlich, dass Fehler gemacht werden, aber diese auch zu etwas Gutem führen können. Nicht jeder Fehler hat negative Auswirkungen, sondern entpuppt sich in der Rückschau als absoluter Gewinn. Deshalb sollten wir unsere “Fehlerkultur” hinterfragen.

Es gibt den schönen Spruch: “Wer scheitert, wird gescheit!” Lasst uns also aus unseren Fehlern lernen, anstatt diese zu vertuschen.

Warum niemand Fehler “machen” kann

Dies ist doch ein Widerspruch. Im vorigen Kapitel steht, dass Fehler menschlich sind und jeder Mensch Fehler macht und jetzt soll kein Mensch Fehler machen können. Wie soll das gehen?

Nun, dazu ist es wichtig, sich die Formulierung genau anzuschauen. Denn in der Formulierung “Fehler machen” wird ausgedrückt, dass die Person den Fehler “gemacht” hat. Doch stimmt das?

Gehen wir nochmals 500 Jahre zurück und versetzen uns nun in die Lage von Kolumbus und seinem Freund Toscanelli. Diese haben anhand der Unterlagen, welche ihnen zur Verfügung standen, die Route berechnet, nach welcher Kolumbus nach 4500 km Schifffahrt in Indien anlegen sollte. Sie haben nach bestem Wissen und Gewissen gehandelt, sind die Berechnungen bestimmt ein paar Mal durchgegangen um ja keinen Fehler zu machen. Und doch ist genau das passiert. Ihre Berechnungen waren fehlerhaft.

Also ist doch ganz klar, dass sie Fehler gemacht haben, oder nicht? Wenn du den obigen Abschnitt nochmals liest, fällt dir vielleicht ein Wort auf, welches ich bisher noch nicht verwendet habe. Doch ist es genau dieses Wort, welches den Unterschied macht.

Es ist das Wort “passiert”.

Dieses Schlüsselwort verändert die Sicht auf Fehler so grundlegend, dass es eine wahre Befreiung ist, sich der Tiefe dieser Aussage bewusst zu werden. Denn plötzlich bekommen die Fehler eine ganz andere Gewichtung. Durch diese Veränderung wird der Umgang mit den eigenen und den Fehlern anderer auf eine neue Ebene gestellt. Diese Ebene ist jetzt geprägt von Einsicht, Nachsicht und Rücksicht. Fehler verlieren ihre beängstigende Wirkung auf uns und unser Umfeld, wenn wir uns des Umstandes klar werden, dass Fehler nicht gemacht werden.

Denn wenn Fehler gemacht werden könnten, wären diese ja bewusst gemacht. Und ich kenne niemanden, der bewusst etwas falsch macht. Wenn dem trotzdem so ist, dann ist es kein Fehler, sondern Absicht. Absicht bedeutet aber, dass jemand willentlich etwas falsch macht, also eine Absicht dahinter steht. Somit kann es sich bei genauer Betrachtung nicht mehr um einen Fehler handeln, sondern um Sabotage.

Hätte Kolumbus die Berechnungen absichtlich verfälscht, damit er die Reise hätte antreten können, wäre es kein Fehler in der Berechnung gewesen, sondern Manipulation.

FEHLER PASSIEREN!

Ja, das ist wahr. Nur ein Wort verändert die Bedeutung einer ganzen Sache. Fehler passieren, weil wir Menschen sind. Wir begehen die Fehler nicht absichtlich. Sondern ein Zusammenspiel verschiedenster Umstände führt zu einem Fehler, der dann passiert.

Ein guter Freund von mir hatte kürzlich einen Fahrradunfall. Er wollte vom Gehsteig auf die andere Fahrspur wechseln und hatte aufgrund seiner Brille einen toten Winkel. Dies führte dazu, dass er einen Lastwagen nicht bemerkte, welcher sich in diesem toten Winkel befand. Dadurch kam es zur Kollision. Der Fehler war, dass mein Freund den Lastwagen nicht gesehen hatte, dieser aber genau in diesem Moment da war. Wenn mein Freund nun absichtlich die Spur gewechselt hätte, im vollen Bewusstsein, dass sich dort ein LKW befand, wäre es kein Unfall gewesen.

Dann hätte mein Freund ganz bewusst den Unfall verursacht. Und es wäre kein Unfall, sondern versuchter Selbstmord.

Ich hoffe, es wird deutlich, dass Fehler passieren.

Damit ist auch klar, dass sich Fehler nie zu 100% vermeiden lassen. Denn es gibt immer wieder Situationen und Umstände, die wir nicht kontrollieren können. In diesen können dann Fehler passieren, die nicht zu verhindern gewesen wären. Wir müssen uns damit abfinden, bei aller Anstrengung und Vorsicht, welche wir walten lassen.

Doch weil dies so ist, kann ich einen neuen Blick auf Fehler und meinen Umgang mit ihnen gewinnen. Weil sie passieren, kann ich nachsichtig und vergebend mit mir umgehen. Ich muss nicht in Verzweiflung und

Selbstverdammnis mein Leben verbittern, sondern kann mit dem Erkennen meiner eigenen Fehlerhaftigkeit milde mit mir umgehen. Es ist nicht schlimm, dass Fehler passieren, es ist schlimm, wie wir über Fehler denken. Denn unser Denken macht Fehler zu etwas Furchtbarem, wenn wir denken, dass die Fehler gemacht wurden.

Denn bei einem "gemachten" Fehler gibt es einen Schuldigen. Ja, es stimmt, dass jemandem der Fehler passiert ist. Es ist jedoch ein Unterschied, ob ich nach einem Schuldigen suche oder nach einem Verursacher.

Schuldig sind wir, weil wir etwas verschuldet haben, was vorsätzliches Handeln impliziert.

Verursacher sind wir, weil wir der Auslöser für einen Fehler waren, diesen aber nicht willentlich begangen haben.

Deshalb ist es so entscheidend, dass wir verstehen, dass Fehler passieren. Ja, dieses Wissen hilft uns im Umgang mit meinen Fehlern. Denn es befreit mich davon, meine Fehler zu vertuschen und hilft mir gleichzeitig, mir meine Fehler zu vergeben. Aber damit nicht genug. Mit dieser Sichtweise betrachte ich nun auch die Fehler anderer auf eine neue Art.Ich kann sie leichter vergeben und muss die Fehler nicht auf die Goldwaage legen, sondern kann diesen gelassen entgegentreten. Ich muss nicht mehr nach Schuldigen suchen, sondern kann den Verursachern sogar helfen, sich selbst zu vergeben und nicht in Selbstanklagen zu versinken.

Was für ein neues Leben in der Familie, am Arbeitsplatz und in der Gesellschaft könnte sich daraus entwickeln, wenn alle sich auf diesen Gedanken einlassen könnten. Unvorstellbar!!!

Fehler und ihre Wirkung auf meinen Selbstwert

Die neue Sicht auf den Umstand, dass Fehler passieren und nicht gemacht werden, ist für das jetzige Kapitel überraschenderweise nicht hilfreich. Es kann zwar kognitiv bejaht werden, sollte mein Selbstwert jedoch an meine Leistung geknüpft sein, wird mir dieses Wissen in meinem Alltag nichts nützen. Denn das Denkmuster, welches tief in mir liegt, verhindert, dass dieses Wissen bei mir zum Tragen kommt.

Warum ist das so?

Ich habe in meinem Buch **"Selbstwert ist (k)ein Gefühl"** ausführlich darüber geschrieben.

Deshalb möchte ich an dieser nur ganz kurz darauf eingehen.

Wenn mein Selbstwert sich darauf gründet, dass meine Leistung und mein Funktionieren maßgeblich für ihn sind, hat dies Auswirkungen auf mein ganzes Leben. Denn dadurch stehe ich permanent unter Druck, meine Leistung zu bringen, besser zu sein als andere und dabei möglichst fehlerfrei zu arbeiten. Denn Fehler bleiben nicht auf der sachlichen Ebene, sondern haben eine direkte Auswirkung auf meine Person. Der Selbstwert steht und fällt mit meiner Leistung, mit meinen Fehlern und mit der Sicht anderer Personen auf diese Fehler.

Weil ich meine Person über meine Leistung definiere, kann ich mir keine Fehler leisten.

Ich habe lange in diesem System gelebt. Ich weiss, wovon ich hier rede. Es war ein Leben unter ständigem Druck, genügend Leistung zu bringen, damit mein Selbstwert bestätigt wurde. Denn ich "war" meine Leistung.

Dies hat dazu geführt, dass mein Leben immer im Kampfmodus stattgefunden hat. Denn egal, in welchem Umfeld ich war, hat dieses Denkmuster mich beherrscht. Leistung, möglichst besser als die der Anderen, war mein Gradmesser für meinen Selbstwert. Die Bestätigung von außen war für mich lebensnotwendig. Denn diese Bestätigung war grundlegend für mein Selbstwertgefühl. Dabei war es nicht entscheidend, ob ich in der Familie, bei der Arbeit, im Sport oder in der christlichen Gemeinde war. Das Denkmuster hatte mich immer im Griff. Leistung, egal wo, wann und wie.

Das ist auch der Grund, warum Menschen Burnout bekommen. Nicht die Anforderungen sind ausschlaggebend, sondern die Verbindung meiner Person mit der Leistung macht den Unterschied.

In meinem Buch: **“Burnout verstehen”**

gehe ich darauf ein.

Daher war es für mich auch nicht möglich, ein gesundes Verhältnis zu Fehlern zu haben. Denn Fehler bewirken das genaue Gegenteil von dem, was eine gute Arbeit für mich auslöste. Gute Ergebnisse erhöhten meinen gefühlten Selbstwert, während Fehler diesen stark sinken ließen. Somit bestand mein Alltag nicht nur im Leisten, und das möglichst perfekt, sondern auch im Vermeiden jeglicher Fehler.

Geschah es nun trotz aller Vorsicht und Planung, dass ich einen Fehler "gemacht" hatte, so versuchte ich, diesen schnellstens zu beheben, bevor es andere bemerkten. Es sollte ja niemand mitbekommen, dass ich nicht perfekt war. Ließ sich der Fehler jedoch nicht so einfach beheben, begann meine Rechtfertigungsstrategie. Ich versuchte alles Erdenkliche ins Feld zu führen, um den Fehler zu erklären, klein zu reden oder eine Ursache zu finden, die nichts mit meiner Person und meinem direkten "Versagen" zu tun hatte. Ich kann dir sagen, dieses Leben war anstrengend.

Ich wusste zwar kognitiv, also mit meinem Verstand, dass jeder Fehler macht, aber ich konnte es für mich nicht zulassen. Fehler war etwas für die Anderen, aber nicht für mich. In meinem Denken klaffte hier eine große Lücke. Das Wissen war da, mein Denkmuster suggerierte mir jedoch etwas anderes. Das ist auch das Schwierige daran. Dieses gelegte Denkmuster lässt sich nicht mit "Wissen", also mit kognitivem Verstehen, austricksen. Am Ende lebe ich immer nach diesem Muster.

Ich nenne dieses Muster **"Grundüberzeugung"**.

Die Grundüberzeugung, die in mir angelegt ist, lässt sich nicht einfach umgehen. Sie ist tief in unserem Innern verankert. Sie bestimmt unser Denken, Fühlen und Handeln. Das geschieht im Unterbewußtsein. Deshalb bleibt es auch sehr lange verborgen. Und wir sind uns der Existenz dieser Überzeugung nicht bewusst.

Bei mir hat erst der Burnout dazu geführt, dass ich mich mit diesem Thema überhaupt auseinandergesetzt habe. Vorher war ich ja viel zu beschäftigt, die Leistung zu bringen, so dass ich gar keine Zeit gehabt hätte, mich diesen Fragen zu stellen. Es hat ja bis zum Burnout auch vermeintlich gut funktioniert. Und selbst kurz vor dem Burnout hätte ich es mir nicht eingestehen können, dass ich nicht mehr konnte. Denn dadurch wäre ja mein ganzes Wertesystem ins Wanken geraten. Der Burnout brachte es dann zum Einsturz.

Warum schreibe ich dies alles?

Der entscheidende Punkt in deinem Leben ist, an was du deinen Selbstwert fest machst. Dieser Punkt bestimmt dein ganzes Sein. Und auch dein Verhältnis zu Fehlern.

Deshalb schreibe ich diese Buch als Ergänzung zu dem Buch

“Selbstwert ist (k)ein Gefühl”.

In vielen Gesprächen und Coachings wurde mir die Tiefe des Problems “Selbstwert” immer bewusster.

Vom richtigen und falschen Selbstwert-Verständnis hängt die Gestaltung deines Lebens ab. Ob du dich über deine Leistung definierst, oder über dein Sein, das macht den Unterschied.

Dies solltest du für dich als Erstes herausfinden. Es bedarf einer gehörigen Portion Mut, sich mit sich selbst zu beschäftigen. Denn nicht alles, was dabei zutage gefördert wird, ist für uns angenehm. Es könnte sich bei dem Entdeckten auch um Eigenschaften handeln, die wir gar nicht gerne an uns sehen.

Zur Verdeutlichung des Zulassens benutze ich gerne eine Geschichte, die uns in der Bibel erzählt wird.

Es handelt sich um den Tod und die Auferweckung von Lazarus. Lazarus war ein guter Freund von Jesus. Lazarus hatte zwei Schwestern, die ebenfalls zum engeren Freundeskreis Jesu gehörten. Es begab sich, dass Lazarus krank wurde und an der Krankheit starb. Man legte ihn wie damals üblich in ein Grab und legte einen großen Stein darauf. Als nun Jesus kam, war die Trauer groß.

Man führte ihn ans Grab. Zuvor hatte er mit einer der Schwestern über die Auferweckung des Lazarus gesprochen. Am Grab forderte er die Umstehenden auf, den Stein zu heben. Eine Reaktion von einer der Schwestern Lazarus war, dass sie dies besser nicht machen sollten, da Lazarus schon 4 Tage tot war und der Verwesungsprozess bestimmt schon eingesetzt hätte. Das Heben des Steins hätte damit gewiss unangenehme Gerüche freigesetzt. Also besser den

Stein darauf lassen und die Toten in ihrer Totenruhe nicht stören.

Und jetzt die Frage an dich. Bist du bereit, den Stein deines Bewusstseins zu heben? Kannst du “zulassen”, dass vielleicht etwas in dir ist, was dir “stinkt”? Oder ziehst du es vor, das Grab deines Unterbewussten zu "zulassen"? Bei beiden Entscheidungen geht es um das “Zulassen”.

Ich hoffe, du findest den Mut fürs Erste.

Grundüberzeugungen lassen sich nicht verdrängen, aber überschreiben!

Grundüberzeugungen sind die Schienen, auf denen unser Lebenszug fährt. Ich benutze dieses Bild sehr gerne, denn es veranschaulicht eindrücklich, wie unser Leben funktioniert.

Dein Leben ist wie eine Lokomotive. Diese setzt sich in Bewegung, zieht die Wagons und bestimmt die Geschwindigkeit. Eine Lokomotive kann jedoch eines nicht. Sie kann nicht bestimmen, wohin die Reise geht. Sie hat in ihrem Führerhaus kein Lenkrad. Damit kann sie nicht entscheiden, welche Richtung eingeschlagen wird. Sie muss zwingend den Schienen folgen, es gibt für sie keine andere Alternative.

So sind auch unsere Grundüberzeugungen. Sie sind wie die Schienen, welche die Richtung vorgeben. Diese sind gelegt worden, oftmals in frühester Kindheit. Da sie für die Lokomotive nicht sichtbar sind, sondern unter ihr verlaufen, so sind auch die Grundüberzeugungen im Unterbewusstsein tief verankert, ohne dass du sie siehst oder kennst.

Doch bestimmen sie, wie du dein Leben gestaltest, nach welchen Denkmustern du agierst. Dein ganzes Leben richtet sich nach ihnen aus, ob du willst oder nicht. Denn solange diese Grundüberzeugungen im Unterbewusstsein verborgen sind, hast du keine

Möglichkeit, diese zu verändern. Denn du bist dir ihrer Existenz nicht einmal bewusst.

Deshalb sind es oft Schicksalschläge, einschneidende Ereignisse in unserem Leben oder aufrüttelnde Begegnungen mit Menschen, die den Zug dazu bringen, anzuhalten. Manchmal auch mit einem Entgleisen, wie bei mir geschehen, durch Burnout.

Dadurch hast du die Möglichkeit, den Stein zu heben und dich mit deinen Grundüberzeugungen auseinanderzusetzen. Dies braucht Zeit. Das erledigt sich nicht so im Vorübergehen. Der Blick in die Tiefe deines Seins beginnt damit, dass du zulassen kannst, was ist. Das hört sich einfach an, ist es aber nicht. Denn durch dieses Schauen in deine Tiefe wirst du mit dir selbst konfrontiert. Diese Konfrontation kann die unterschiedlichsten Gefühle in dir auslösen. Sich diesen nicht zu entziehen, sondern sich ihnen zu stellen, das ist wahrer Mut!

Wenn du deine Grundüberzeugungen aufgespürt hast und dich ihnen gestellt hast, sind sie damit leider noch nicht weg. Das wäre schön. Doch leider bleiben diese erstmal wie die Schiene einfach präsent. Doch der große Vorteil des Erkennens liegt darin, dass du sie jetzt kennst. Du weißt jetzt, dass es sie gibt. Du verstehst nun, wie sie funktionieren und welchen Einfluss sie bisher auf dein Leben hatten. Dieser erste Schritt des Verstehens ist Voraussetzung für alles, was jetzt folgt. Deshalb solltest du dir beim Durchdenken deiner Grundüberzeugungen genügend Zeit geben.

Es geht bei diesem Prozess nicht um Geschwindigkeit, sondern um Tiefe.

Je mehr Zeit du dir für das Verständnis deiner Grundüberzeugungen und deren Inhalt lässt, desto besser kannst du diese dann überschreiben. Grundüberzeugungen lassen sich nicht verdrängen. Sie sind die Schienen, welche deine Lebensrichtung vorgeben. Du kannst die Geschwindigkeit beeinflussen, aber nicht die Richtung. Um eine Richtung zu ändern, bedarf es einer Weiche. Und eine Weichenstellung, welche auf ein anderes Gleis führt. Ohne diese Weiche bleibt dein Gleis die bestimmende Komponente deiner Lebensweise.

Dass du bereit bist, dich mit diesen Themen zu beschäftigen und dich auf die Suche nach Veränderung begeben hast, hat dich zu der Weiche geführt. Das Verstehen der Grundüberzeugungen und das Zulassen, dass es diese gibt, sind der Punkt, an dem die Weiche umgestellt werden kann.

Jetzt wird es darum gehen, den Mechanismus der Weiche zu erkunden, damit diese umgestellt werden kann.

Wie das Überschreiben funktioniert

Nachdem die Grundüberzeugung für unser Leben und auch das zugrunde liegende Denkmuster klar geworden ist, soll es in diesem Kapitel darum gehen, wie dieses überschrieben werden kann. Denn durch das Überschreiben kommt eine neue Grundüberzeugung zum Tragen, die unserem Leben eine völlig andere Richtung gibt.

Grundüberzeugungen sitzen sehr tief. Dies wird dir bewusst, wenn du dir die Frage stellst, was dich bisher motiviert hat, zu tun, was du tatest, also deine Beweggründe für dein Handeln und Denken. Denn egal, was du kognitiv weißt, es nützt dir nichts, wenn deine Überzeugung in eine andere Richtung weist.

Deshalb will ich dir jetzt zeigen, wie du deine Überzeugungen überschreiben kannst. Der Mechanismus, welcher diesem Überschreiben zugrunde liegt, befindet sich in der Kombination von Wissen und Gefühl. Diese Beiden ergeben zusammen eine Emotion. Und diese Emotion verändert deine Grundüberzeugung.

Doch beginnen wir mit dem Wissen. Das Wissen um einen Sachverhalt ist elementar. Denn ohne dieses Wissen kannst du nicht aktiv werden. Das Wissen haben wir jetzt auf den Stand gebracht, dass du die Faktenlage kennst.

Doch dieses Wissen allein wird dir nicht helfen. Denn wenn es hart auf hart kommt, wird deine Grundüberzeugung die Führung übernehmen und dich in deinem Verhaltensmuster halten. Deshalb ist das Wissen auch nur eine Komponente.

Wissen erlangst du durch Informationen. Dies passiert kognitiv. Du erfährst einen neuen Sachverhalt zu einem Thema, nimmst diesen auf und erweiterst dein Wissen. So ist es auch mit diesem Buch. Was ich bisher geschrieben habe, hat, wenn du es nicht schon vorher wusstest, dein Wissen vermehrt. Jetzt bist du kognitiv weiter als vor dem Lesen des Buches. Wenn wir nun hier Schluss machen würden, hättest du zwar mehr Wissen, aber das würde dir für deine Lebensgestaltung noch nichts nützen.

Du würdest dieses Wissen abspeichern und bei Bedarf wieder aus deinem Speicher abrufen. Das ist auch in vielen Bereichen sinnvoll, da diese nicht entscheidend für dein Leben sind. Doch beim Thema Fehler und Selbstwert sieht es anders aus. Da geht es um deinen Lebensentwurf, also um die Grundlage deines Lebens, um dein Fundament, auf welchem deine Einstellungen verankert sind. Deine Entscheidungen und dein Handeln gründen auf diesen tiefen Überzeugungen. Um diese auf ein anderes Gleis zu führen, reicht Wissen nicht aus. Da braucht es die zweite Komponente, nämlich die Gefühle.

Gefühle sind gefährlich. Denn sie machen uns verletzlich. Wer seine Gefühle zeigt, gibt etwas von seinem Inneren preis. Da unser Denkmuster aber dahingehend konditioniert ist, dass wir uns nur durch perfekte Leistung wertvoll fühlen, sind Gefühle in diesem System nicht zielführend. Sie stellen eine große Bedrohung dar, denn Leistung kann ich kontrollieren, Gefühle nicht. Diese können uns in sehr unangenehme Situationen bringen. Das würde aber unserem Image schaden, das wir uns aufgebaut haben. Das Bild vom funktionierenden Gegenüber.

Dass wir lernen sollten, wieder einen Zugang zu unseren Gefühlen zu bekommen, ist ein Meilenstein für diejenigen, die ihre wahren Gefühle immer gut verschlossen gehalten haben. Diese Überlebensstrategie hat sehr gut funktioniert. Doch mit dem Erkennen des bisherigen Denkmusters, dass Leistung meinen Selbstwert bestimmt, lässt sich das Verdrängen der Gefühle nicht mehr aufrechterhalten, wenn ich eine tiefgreifende Veränderung in meinem Leben erreichen möchte.

Der leichtere Teil von außen betrachtet ist der Schwierigere für Menschen mit diesem Denken. Denn ihr System hat ihre eigenen Gefühle verboten, da diese nicht erwünscht oder sogar hinderlich waren.

Der Zugang zu deinen Gefühlen ist verschüttet. Aber nur weil er verschüttet ist, heißt das nicht, dass sie nicht da sind.

Der Zugang ist versperrt, aber er lässt sich freiräumen und ermöglicht dir, wieder in Kontakt mit dir zu kommen.

Gefühle wollen gefühlt werden. Denn das Fühlen ist für ein gesundes Leben ebenso wichtig wie das Denken. Unser Herz ist auf das Fühlen ausgelegt. Wir sind dazu geschaffen, die Dinge nicht nur rational zu verstehen, sondern auch mit unseren Gefühlen zu erfassen. Das, was tief in uns ist, sind nicht unsere Gedanken und unser Wissen.

Ich möchte einmal die Liebe als Beispiel nehmen. Die Liebe ist ein tiefes Gefühl in uns. Sie lässt sich jedoch nicht rational erfassen. Die Verhaltensweisen der Liebe sind zwar sichtbar, aber das Gefühl selbst kennt nur jeder für sich. Doch lässt sich das Gefühl der Liebe verändern.

Wenn du in frühester Kindheit erfahren hast, dass nicht “DU” geliebt bist, sondern dein gutes Benehmen und dein Funktionieren, dann hast du gelernt, dass das Unterdrücken deiner Bedürfnisse und Gefühle Voraussetzung dafür ist, dass du liebenswert bist. Somit hast du deine Gefühle weggesperrt. Denn diese waren nicht erwünscht, sondern eher lästig.

Dein “gefühltes” Wissen, welches dir in frühester Kindheit vermittelt wurde, hast du mit deinen Gefühlen verbunden. Das Gefühl war, dass, so wie du bist, der Anforderung "liebenswert" nicht genügt. Dies hat in dir durch die Verbindung von Wissen und Gefühl eine Emotion erzeugt, die dich geprägt hat. Diese Emotion ist zu deiner Grundüberzeugung geworden. Diese hat sich in dir verfestigt und bestimmt seitdem dein Leben.

Dies ist der Mechanismus, welcher die Grundüberzeugungen in uns formt und legt. Doch ist dies ein Geheimnis, das vielen Menschen noch verborgen ist. Die Zusammenhänge zwischen Wissen, Gefühlen und Emotionen sind in ihrer Tiefe für viele ein unerforschtes Gebiet ihres Lebens. Mit dem Erkennen dieses Prinzips eröffnet sich jedoch ein weites Spektrum neuer Möglichkeiten, da es in seiner Anwendung auf alle Lebensbereiche Einfluss nehmen kann.

Doch wie bekommen wir nun Zugang zu unseren Gefühlen? Zuerst über das Zulassen. Das Entscheidende ist, dass wir uns unsere Situation bewusst machen. Sind wir von unseren Gefühlen abgetrennt, sollten wir uns das auch eingestehen. Wenn wir bisher im "Selbstbetrug" gelebt haben, sollten wir beginnen, diesen zu entlarven und uns der Wahrheit zu stellen. Dadurch geben wir zu, dass etwas in unserem Leben nicht richtig läuft.

Das ist nicht schlimm.

Schlimm wäre es, wenn wir uns weiter selbst betrügen würden. Denn dann würde sich in unserem Leben nichts wirklich ändern, sondern es würde in den vorgegebenen Schienen weiter seine Kreise ziehen.

Die Gefühle zuzulassen ist der nächste Schritt. Es hört sich einfach an. Stimmt. Und es ist auch gar nicht so schwer, wenn man seine Grundüberzeugung, welche bisher ausschlaggebend für das Leben war, erkannt und akzeptiert hat. Diese ist da, ob ich es nun will oder nicht. Die Bejahung der Grundüberzeugung nimmt ihr den Schrecken und später auch die Macht. Denn bisher konnte sie im Unterbewusstsein unbemerkt ihre Strippen ziehen. Doch mit dem Aufdecken und Zulassen, dass sie da ist, beginnt sie, ihre Kontrolle zu verlieren.

Zu verstehen, dass dein Wert nicht über deine Leistung definiert ist, sondern in dir selbst liegt, eröffnet dir die Chance, die Tür zu deinen Gefühlen aufzustoßen. Deine Gefühle sind nicht mehr deine Feinde, welche du in Schach halten musst, sondern gehören als Teil deines Selbst ganz selbstverständlich zu dir. Diese Erkenntnis braucht Zeit. Je mehr du dich darauf einlassen kannst, desto mehr näherst du dich deinen Gefühlen. So gelingt es dir, diese wieder zum Teil deines Lebens werden zu lassen, indem du die Angst ablegst, dass dein Wert an deinem perfekten Funktionieren liegt.

Jetzt kannst du es dir erlauben, wieder zu fühlen. Das fühlt sich am Anfang echt komisch an. Ich hatte zuerst ein schlechtes Gewissen, weil ich es nicht gewohnt war, meine Gefühle zu zeigen und mein Umfeld damit zu “belasten”. Ich war es gewohnt zu funktionieren. Für mich war das eine völlig neue Erfahrung. Gefühle zeigen. Doch je öfter ich dies tat, desto leichter fiel es mir. Und es wird immer leichter.

Denn ich konnte dadurch meine Grundüberzeugung überschreiben, die mir nun ein ganz neues Leben ermöglicht. Jetzt bin ich vom Verhältnis Leistung zu meiner Person abgekoppelt und schaue nur noch auf mich als Person, welche unabhängig von der Leistung ihren Wert in sich selbst hat. Dadurch gelingt es mir jetzt immer besser, mich nicht mehr für meine Gefühle zu schämen, sondern sie als wichtigen Teil meines Selbst anzuerkennen. Und auch zu leben.

Die Emotion, die sich durch die Verbindung von Wissen und Gefühlen in mir verfestigt hat, bestimmt nun mein Leben, da sie zu meiner Grundüberzeugung wurde. Dadurch fahre ich nicht mehr auf der alten Schiene des Funktionierens, sondern auf der Neuen des reinen “Seins”. Was dies in der Lebensqualität bedeutet, kann nur erahnen, welcher im Denkmuster “Leistung ist mein Wert” verhaftet ist oder war.

Anleitung zum Überschreiben deiner Grundüberzeugung

Nachdem du jetzt verstanden hast, dass die Grundüberzeugung verantwortlich für dein Denken, Handeln und Fühlen ist, geht es nun darum, wie du deine Grundüberzeugung überschreiben kannst.

Wichtig: Wehre dich nicht gegen deine jetzige Überzeugung, sondern akzeptiere sie. Denn wenn du dich dagegen wehrst, versuchst du, diese zu verdrängen. Das wird dir nicht gelingen.

Es ist entscheidend,
dass du dich **nicht gegen** etwas stellst,
sondern **für etwas bist**.

Deshalb ist diese Anleitung nicht "gegen" deine Grundüberzeugung, sondern "für" ein neues Denkmuster.

In vielen Studien wurde festgestellt, dass es Menschen gelingt, nach 21 Tagen ihre Überzeugungen zu überschreiben. Dies geschieht, indem sie sich 21 Tage mit dem neuen Gedanken intensiv beschäftigen, sich also nicht gegen das Bestehende stellen, sondern sich für das Neue interessieren und sich gedanklich und gefühlsmäßig damit auseinandersetzen.

In diesem Prozess beginnt sich deine Emotion zu verändern. Dies ist der Schlüssel, welcher zur Tür passt. Die Emotion ist tiefer als das Gefühl. Emotion wird in dir verfestigt, wird zu deiner Grundüberzeugung. Gefühle sind von außen gesteuert, Emotionen kommen aus deinem Innern. Diese werden häufig gleichgesetzt, dadurch kommt es oft zu Missverständnissen. Und man versucht dann, das Gefühl zu beeinflussen, anstatt dieses dazu zu nutzen, zusammen mit dem Verstand eine neue Emotion in dir zu erzeugen.

In den nächsten 21 Tagen geht es aber genau darum. Deine Emotion soll durch das Nachdenken und Zulassen eines Satzes pro Tag zum Thema **"Selbst"** überschrieben werden. Immer nur ein Satz, den du über den Tag hinweg immer wieder in dein Bewusstsein bringen solltest. Mit dem du sozusagen "schwanger" gehst, der dich in deinem Denken begleiten soll. Schwangere bekommen ihr Kind auch nicht sofort nach der Zeugung, sondern tragen dieses aus. Es entwickelt sich in ihnen und kommt dann nach einer bestimmten Zeit zum Vorschein.

So ist es auch, wenn du mit den Gedanken schwanger gehst. Diese arbeiten in dir und werden dich verändern. Nicht du veränderst durch Anstrengung etwas, sondern es wird sich in dir verändern.
Deine erste Grundüberzeugung hast du nicht in dich gelegt, sondern sie wurde durch deine Erfahrungen in dir verankert. So verläuft auch der Mechanismus des

Überschreibens. Sich mit den neuen Gedanken zu deinem Selbstwert, Selbstbewusstsein und der Selbstliebe zu befassen, wird die Veränderung herbeiführen. Das kannst du nicht verhindern. Verhindern gelingt dir nur, wenn du versuchst, den Prozess zu beschleunigen, dich gegen dein vorhandene Überzeugung zu wehren oder vorzeitig abbrichst.

Was du noch wissen solltest: Ich habe für jeden Tag eine Seite ausgewählt. Dort findest du auch genug Platz, um deine Gedanken niederzuschreiben, die dir beim Nachdenken helfen. So kannst du für dich selbst ein kleines Tagebuch führen, wenn du möchtest.

Die Sätze habe ich aus meiner eigenen Gedankenschwangerschaft aufgeschrieben. Sie haben mir beim Überschreiben meiner Grundüberzeugung den Weg verdeutlicht. Ich hoffe, dass sie auch bei dir wirksam werden.

So lass uns die Reise beginnen.

1.Tag

“Ich bin” ist der Schlüssel zu deinem Selbst.

Eigene Gedanken

2.Tag

Auf der Suche nach
unserem Selbst ist
das
Leben beschwerlich,
bis
wir es gefunden
haben -
dann wird es
plötzlich
leicht.

Eigene Gedanken

3.Tag

Solange wir noch
um
unser Selbst
kreisen,
sind wir von diesem
noch nicht ergriffen.

Eigene Gedanken

4. Tag

Wer sein Selbst gefunden hat, kann aufhören, danach zu suchen.

Eigene Gedanken

5.Tag

Selbstlos
kann nur sein ,
wer ein Selbst hat,
das er loslassen
kann.

Eigene Gedanken

6. Tag

Dein Selbstwert ist unvergleichlich, unveränderbar und einzigartig!

Eigene Gedanken

7.Tag

Deinen Selbstwert bestimmst du selbst, deshalb heißt er "Selbstwert".

Eigene Gedanken

8. Tag

Dein “Selbst”
ist
der Wert.

Eigene Gedanken

9. Tag

Dein Selbstwert
ist
Mehrwert.

Eigene Gedanken

10.Tag

Selbstwert befreit!

Eigene Gedanken

11. Tag

Selbstwert
ist
Freiheit.

Freiheit ist
Selbstwert.

Eigene Gedanken

12. Tag

Mein Selbstwert
ist
dein Selbstwert.

Eigene Gedanken

13. Tag

Wer seinen Selbstwert kennt, lässt allen anderen den ihren.

Eigene Gedanken

14. Tag

Selbstbewusst lebt,
wer sich seiner
Selbst
bewusst ist.

Eigene Gedanken

15. Tag

Selbstbewusstsein ist der beste Schutz vor falschem Perfektionismus.

Eigene Gedanken

16. Tag

Selbstbewusstsein kann sich Fehler leisten.

Eigene Gedanken

17. Tag

Selbstliebe bedeutet, dein Selbst zu lieben. Nicht dein Handeln, auch nicht deinen Charakter, sondern allein dein "Sein".

Eigene Gedanken

18. Tag

Die Leichtigkeit des Seins beginnt, indem du anfängst, dein Sein zu lieben.

Eigene Gedanken

19. Tag

Liebe vergibt - auch sich selbst.

Eigene Gedanken

20. Tag

Selbstliebe ist wie jede Form der Liebe gesundheitsförderned.

Eigene Gedanken

21. Tag

Selbstliebe ist der Grundstein zum Lieben.

Eigene Gedanken

Die Reise hört hier nicht auf

3 Wochen Gedanken-Jogging liegen nun hinter dir. Ich hoffe, du konntest die einzelnen Sätze für dich durchdenken und daraus Gewinn ziehen. Und welche Gedanken hattest du während dieser Zeit? Das wäre spannend zu wissen. Aber es ist das Wichtigste, dass du von diesen 21 Tagen profitiert hast und eine neue Grundüberzeugung deines "Selbst" verinnerlichen konntest.

Die Reise deines Lebens hört hier nicht auf. Wer den Prozess in sich angestoßen hat, wird diesen nicht abbrechen. Sondern die Veränderung der Grundüberzeugung deines Selbstwerts, deinem Selbstbewusstseins und der daraus resultierenden Selbstliebe eröffnet weitere Felder der Selbsterkenntnis, welche du durchwandern kannst. Mit tieferen Einsichten deines Selbst.

Wenn du durch dieses Buch lernen konntest, dass Fehler zum Leben gehören und du diese nicht mehr verstecken musst, dann ist ein großer Schritt in deinem Leben passiert. Denn die Trennung von Leistung, die du erbringst, und deinem Selbstwert, ist die Freiheit, welche dich zu deinen Fehlern stehen lässt.

Also habe den Mut:

Hast du heute schon deinen Fehler "gemacht"? ;-)

Wenn dies so ist, dann stelle ich dir, wie eingangs des Buchs versprochen, 3 Fragen, welche dich ab heute daran erinnern sollen, was der Inhalt dieses Buches war.

Stelle sie dir immer wieder, denn sie helfen dir, milde und nachsichtig mit dir selbst umzugehen.
Und das Beste daran ist, dass du dieses Verhalten dann auch auf deine Mitmenschen anwendest und auch mit ihren Fehlern so verfährst, wie du es mit deinen machst.
Dadurch wird das Zusammenleben deutlich entspannter und lockerer. Und alles begann damit, dass du dich selbst gefunden hast.

Auf der nächsten Seite nun die drei Fragen:

3 Fragen

Ist dir heute schon ein Fehler "passiert"?

Liebst du dich jetzt immer noch?

Hast du dir schon vergeben?

Mit diesen Fragen kommst du jedesmal wieder zu dir selbst zurück. Da ich bisher noch keinen Tag ohne Fehler erlebt habe, konnte ich mit den 3 Fragen lernen, nachsichtig und liebevoll mit mir umzugehen. Das hat mein Leben viel leichter gemacht.

Aber nicht nur mein Leben. Diese Fragen nutze ich auch, wenn jemand an mir falsch gehandelt hat.

Ist jemand ein Fehler passiert?

Liebe ich ihn immer noch?

Habe ich den Fehler schon vergeben?

Wenn ich nachsichtig mit mir umgehen kann, dann hat das auch Einfluss auf den Umgang mit meinen Mitmenschen.

Deshalb ist es wichtig für das Zusammenleben, wie ich mit mir umgehe. Denn mein Umgang mit mir verändert unsere Welt in der Tiefe. Eine Welt, in welcher Milde und Nachsicht regieren, wäre doch ein schöner Ort zum Leben.

Beginne bei dir selbst, denn du bist der Einzige, der damit anfangen kann. Und du hast die Freiheit, ohne jemand anderen sofort zu starten.

Worauf wartest Du?

Solltest du auf dem Weg Unterstützung benötigen, darfst du dich gerne bei mir melden. Ich begleite dich gerne ein Stück deines Weges, damit du in die Freiheit des Selbstwerts kommst und diesen für dich verinnerlichen kannst, sollte dir dieses Buch noch nicht ganz ausgereicht haben.

Melde dich bitte über die Internetseite im Kontaktformular bei mir, dann können wir die weiteren Schritte gemeinsam besprechen.

dib-institut.de

Ich möchte mich ganz herzlich bei ***Gudrun Brugger*** bedanken, welche mir eine große Hilfe bei der Zusammensetzung der 21 Punkte und der Formulierung der 3 Fragen war.

Ein ganz herzliches Dankeschön geht ebenso an meine Familie, welche mich in meinen Projekten unterstützt und mir den Rückhalt gibt, damit ich diese umsetzen kann.

Printed in Poland
by Amazon Fulfillment
Poland Sp. z o.o., Wrocław

25440372R00049